Ueber

climatische Kuren

von

Dr. Jessen.
Baden-Baden = Mentone.

Berlin.
Druck und Verlag von G. Reimer.
1881.

Auf wenigen Gebieten in der Medicin ist die Uebereinstimmung in den Ansichten der Betheiligten eine so mangelhafte, wie in der Lungenheilkunde. Namentlich in Betreff der chronischen Lungenleiden; in Betreff der Zustände, die man unter dem Namen „Schwindsucht“ zusammenfasst, ist die Verwirrung gross. Weniger hinsichtlich des Wesens derselben, als hinsichtlich der zur Heilung für nothwendig gehaltenen Massregeln sind Diejenigen, die sich ihre Erforschung und Behandlung zur Lebensaufgabe gemacht haben, in verschiedene Lager gespalten mit mindestens ebenso vielen Anschauungen, die zum Theil einander schroff entgegenstehen. Hinter den Aerzten steht das in Frage kommende Publikum, die Kranken und deren Angehörige, ebenfalls in Lager geschieden und verfechten je nach ihrem Standpunkt oder nach dem des Orakel, von dem sie berathen werden, die Berechtigung des Höhenclima gegen die südlichen Kurorte; sogar neuerdings die Kälte gegen die Wärme; Andere die Anstaltsbehandlung gegen die freihändige Berathung; die Heilbarkeit, gegen den Fatalismus, der mit der Ergebung in das Gegentheil unvermeidlich verknüpft ist. Es ist Sitte geworden, dass die sachverständigen Vertreter der verschiedenen Richtungen öffentlich Farbe bekennen und ihren Standpunkt zur Geltung zu bringen suchen unter der Firma, das Publikum zu orientiren und der Wissenschaft zu dienen —, im Grunde des Herzens vielleicht nicht minder um Proselyten für die eigene Sache zu gewinnen. Diese Sitte hat entschieden ihr Gutes, denn durch das Aufeinanderplatzen der Meinungen werden Controversen und Auseinandersetzungen veranlasst, die schliesslich der Klarstellung des Ganzen nur dienlich sein, die strittigen Fragen der Lösung nur näher bringen können. Doch wäre dabei trotz aller Ueberzeugung etwas weniger hartnäckiges Festhalten der einzelnen Positionen des eigenen Standpunkts oder wenigstens eine minder ungünstige Beurtheilung gegnerischer Anschauungen und Handlungen erwünscht; denn wenn Jeder, wie es meistens geschieht, das eigene System für so unfehlbar, wie er das des Gegners für verwerflich erklärt, so muss dadurch nothwendig das Laienpublikum irre werden, denn es wird sich häufig ereignen, dass Dieser oder Jener Dinge verurtheilen hört, von denen er selbst schon die besten Erfolge sah. Man würde deshalb der Sache selbst besser dienen, wenn man trotz aller Ueberzeugungstreue unbefangen einräumte, dass alle Wege schliesslich nach Rom führen; unbeschadet könnte ja Jeder seine Methode für die kürzeste und ebenste Route proclamiren. Ich benutze die Gelegenheit gleich im Anfang zu erklären, dass ich selbst diesen vermittelnden Standpunkt einnehme und die Ueberzeugung vertrete, dass das Ziel, dem wir alle zustreben, sich auf verschiedenen Wegen erreichen lässt, dass aber leider alle bisher bekannten Wege Mängel aufweisen.

Wenn im Allgemeinen bei uns in den südlichen Kurorten ansässigen Aerzten die Begeisterung für das von uns vertretene Princip eine besonders warme und aufrichtige ist, so spielt dabei das uns innewohnende Dankgefühl eine gewisse Rolle, da die grössere Mehrzahl von uns ursprünglich durch eigene Krankheit in den Süden geführt, dem dortigen Aufenthalt selbst Leben, Gesundheit und neue Existenz verdankt; trotzdem dürfen auch wir nicht so exclusiv sein zu behaupten, dass die südlichen Kurorte das einzige Heil der Lungenkranken repräsentiren. Nein wir haben die Ueberzeugung, dass glücklicher Weise auch anderswo und unter anderen Bedingungen diese Kranken erfolgreich behandelt werden (vielleicht sogar in und mit der Kälte). Nur ein relatives cito tuto et jucunde nehmen wir für unsere Methode in Anspruch, soweit diese Epitheta auf die Behandlung einer langwierigen, hartnäckigen und qualvollen Krankheit dann Anwendung finden dürfen. Namentlich auf das tuto, d. h. auf die möglichste Fernhaltung von Gefahren bei wirklicher Krankheit und bei vorhandener Anlage ist Gewicht zu legen, und es kann nicht genug betont werden, eine wie grosse Rolle gerade unsere Kurorte in der Prophylaxe bei drohender Schwindsuchtsgefahr spielen.

So überzeugt wir infolge der Erfahrungen an uns selbst und an unseren Kranken von der heilsamen Wirkung des Clima sind, so fest uns die Vortheile des Winter-Aufenthaltes im Süden stehen, so fehlt uns doch noch Manches zur völligen Erklärung der Wirkungsweise desselben, die dem Unbefangenen zuerst sehr einfach erscheinen mag. Die Zeiten sind vorbei, wo man sich begnügte, wie es in der ersten Begeisterung geschah, das warme Clima als solches einfach für ein spezifisches Heilmittel gegen die Lungenschwindsucht auszugeben. Es ging mit diesem wie mit allen gegen dieselbe empfohlenen Universalmitteln: das in der ersten Wallung der neuen Panacee entgegengebrachte Vertrauen machte bald einem nicht unberechtigten Scepticismus Platz; nur zu natürlich! Ja es ist zu verwundern, dass dieser Umschlag nicht gewaltiger und andauernder war; denn da man anfangs wegen der unverhältnissmässigen Schwierigkeiten und Kosten, die damals mit einer solchen Reise verbunden waren, im Vertrauen auf die unfehlbare Wirkung des Clima wartete bis die Noth am höchsten war, ehe man einen Kranken fortschickte, so war die natürliche Folge, dass Wenige zurückkehrten von denen, die die Reise angetreten. Eine Zeitlang wurde daher die Verordnung einer solchen Kur fast einem Todesurtheile gleichgeachtet. Als später mit Erleichterung der Communication die Zahl derer wuchs, die dort Heilung suchten und sich unter diesen wirklich auch Individuen befanden, deren Schicksal nicht von vornherein besiegelt war, da blieben die Erfolge nicht aus und man fing an den Werth unserer Kurorte zum zweiten Male zu entdecken und hinfort nüchterner und vernünftiger zu beurtheilen.

Das, was man unter dem Sammelnamen Schwindsucht zusammenfasst, ist kein spezifisches Etwas, sondern ist das unter vielfach wechselndem Bilde sich darstellende endliche Resultat der verschiedensten Processe; die bei Zusammenwirken gewisser Bedingungen und nach einer gewissen Dauer dieser Einwirkung unvermeidliche Folge aller [nach unserer Ansicht ohne Ausnahme] krankmachenden Einflüsse und aller wirklichen Erkrankungen, die die Lunge überhaupt betreffen können. Seitdem man erst diesen Fortschritt gemacht hat, die Schwindsucht nicht mehr für eine besondere, gleich einem verhängnissvollen Dämon in den Körper Einzug haltende Säuche zu begreifen, sondern in ihr das zu sehen, was sie wirklich ist, nämlich nicht mehr und nicht minder, als die natürliche Folge der verschiedensten Erkrankungsprocesse, ihrerseits wieder Folgezustände verkehrter Lebensbedingungen und abnormer Vorgänge in dem lebenswichtigsten Organe, seitdem hat man immer weniger sich bemüht nach dem rettenden spezifischen Universalheilmittel umherzutappen und hat immer mehr aufgehört dabei auf Irr- und Abwege zu gerathen und die Kranken durch Illusionen in Aufregung zu versetzen, die nicht erfüllt werden können. Es geht seither ein Streben durch die ärztlichen Kreise, diesem Würgengel auf natürlichem Wege beizukommen, d. h. zu sorgen und zu wachen, dass der ganze Körper und obenan das so wichtige Respirationsorgan vom ersten Lebenstage an und, ward dies versäumt oder blieb trotzdem das, was man vermeiden wollte, nicht aus, dann vom ersten Moment des Auftretens von Krankheitssymptomen an mit doppelter Sorge und Vorsicht unter die denkbar normalsten physiologischen Bedingungen versetzt werde. Man sucht bei möglichst zweckmässiger Beeinflussung des Theils wie des Ganzen jene Schädlichkeiten zu vermeiden resp. den daraus zu erwartenden üblen Folgen vorzubeugen oder bereits entstandene wieder zu repariren. Seitdem man hierin das Geheimniss der Lungenheilkunde erkannt hat, sind die Erfolge derselben entschieden bessere geworden und werden es immer mehr werden, je mehr diese Erkenntniss sich Bahn bricht. Dieselbe hat nothwendig die andere im Gefolge, dass man dem Ziele auf verschiedenen Wegen zustreben kann und nur Kleinmüthige werden daran verzweifeln, dass es ernstem Bemühen gelingen wird, demselben näher und näher zu kommen, d. h. dass man die Mittel finden wird, um dem bisherigen Weiterumsichgreifen der Schwindsucht Einhalt zu gebieten.

Haben wir aufgehört, in dem südlichen Clima das spezifische Heilmittel zu sehen, so erkennen wir statt dessen jetzt in demselben einen mächtigen, vielleicht den mächtigsten Factor zur Herbeiführung jener hygieinischen Bedingungen für Körper und Lunge, zur Herbeiführung derselben in vollstem Maasse, mit geringster Belästigung und Gefährdung des Kranken, deren wir nicht entrathen können, wenn wir ein gefährdetes Respirationsorgan vor der Entwickelung der gefürchteten Krankheit bewahren oder den bereits vorhandenen Krankheitsprocess zum Stillstand resp. zur Heilung bringen wollen. Allerdings rechtfertigt das Clima diese auf dasselbe gesetzten Hoffnungen allermeist nur bei gleichzeitiger strengster Beobachtung einer ganzen Anzahl von unumgänglichen Vorschriften und Massregeln zur Erzielung physiologischer Verhältnisse, im Verein mit dem ernstesten Willen der Sorge für die Gesundheit des Leibes eine Weile alle anderen Rücksichten nachzuordnen. Vernachlässigung auch anscheinend geringfügiger Vorschriften, Mangel an jenem ernsten Willen, gesund zu werden und dafür thätig zu sein, müssen Gefahren und üble Folgen nach sich ziehen, wie in der Heimath selbstverständlich, so leicht auch hier trotz des heilsamen Clima. Wenn diese Gefahren auch in keinem Verhältniss stehen zu denen, die eine entsprechende Gleichgültigkeit etwa während eines nordischen Winters oder gar bei der Kaczorowky'schen Kältebehandlung mit sich brächte, so sind sie immerhin genügend, um eine ganze Anzahl von Misserfolgen zu verschulden infolge jenes blinden Vertrauens auf Clima und Sonne, das dem Unvernünftigen die verschiedensten Unvorsichtigkeiten erlaubt erscheinen lässt; während im Gegentheil durch die Neuheit sämmtlicher Verhältnisse und die veränderten Lebensbedingungen wohl doppelte Vorsicht geboten wäre. Aber die Lungenkranken sind durchschnittlich eine eigenthümlich veranlagte Klasse, zwischen der rosigsten Hoffnung und der schwärzesten Verzweiflung ein Spielball von Zufälligkeiten, denen man deshalb, um sie vor leichtsinniger Auffassung ihres Zustandes zu bewahren, die eventuellen Folgen von Fehltritten nicht gefährlich genug ausmalen kann, denen man andererseits, um sie nicht in den Abgrund der Verzweiflung zu stürzen, die von zweckmässigem Verhalten zu erhoffenden Resultate mit den rosigsten Farben zeichnen darf.

Bei den Versuchen die günstige Einwirkung des südlichen Klima zu erklären, ist bisher, wie ich glaube, der directe Einfluss der Sonne zu wenig gewürdigt worden; ich bezweifle nicht, dass die Insolation als solche, deren ja die Pflanzen zu einer gesunden Existenz absolut nicht entrathen können, auch auf den kranken menschlichen Organismus von positiv wohlthätigem Einfluss sei, vergleiche Vogt-Bern: Beobachtung vom Sterblichkeitsverhältniss auf der Sonnenseite einer Strasse zu dem auf der Schattenseite = 1 : 3, 5; diese und ähnliche Beobachtungen sprechen dafür, dass das auffallende Wohlbehagen, welches der kranke Körper bei täglicher Besonnung in den südlichen Klimaten verspürt, indem die durch die Meeresnähe bedingte beständige Luftbewegung und starke Verdunstung einer erschlaffenden Wirkung der Sonnenstrahlen meist vorbeugen, auf einer richtigen Ahnung der Thatsachen beruhen mag.

Von zweifelloserem und grösserem Werthe als dieser fast nur supponirte Einfluss der Sonne ist jedenfalls der ausgiebige Genuss der frischen Luft, für deren beständige Erneuerung und Reinerhaltung, die regelmässig vom Meere kommenden und dahin zurückkehrenden Strömungen sorgen. Da eine reine zweifellose Athmungsluft die erste Lebensbedingung für Lungenkranke ist, so muss ceteris paribus der Aufenthalt der beste sein, der ihnen diesen Genuss möglichst reichlich und möglichst ungestraft gestattet.

Reichlichen Luftgenuss kann man ja überall, reine Luft desgleichen ohne grosse Mühe in gewisser Entfernung von menschlichen Niederlassungen haben, aber das ungestrafte Geniessen ist der wunde Punkt, den z. B. jener Kaczorowsky gänzlich übersieht, wenn er seine Lungenkranken bei strenger Winterkälte in Sälen mit offenen Fenstern und Thüren beherbergt um ihnen die Wohlthat des Genusses frischer Luft zu gewähren. Es gleicht dies Gebahren ungefähr der Handlungsweise eines Menschen, der sich Gold in die Taschen füllte um in der Wüste nicht zu verdürsten. Selbst die Versicherung, dass sich die Kranken bei dieser Behandlung wohl befunden haben, kann mich nicht davon abbringen, das Verfahren als bedenklich zu verwerfen. Ich practicirte früher — in einer Gegend, wo die Schwindsucht an der Tagesordnung war, auch meine Kranken versicherten mich dort sich während der kalten Winterszeit äusserst wohl zu befinden, aber die mit Beginn des Frühjahrs regelmässig sich häufenden Todesfälle legten mir doch wiederholt die Frage vor, ob sie nicht auf Rechnung des üblen Einflusses des Winters zu schreiben seien trotz des anscheinenden Wohlbefindens der Kranken in der Kälte. Die Gefahren des Luftgenusses während des nordischen Winters liegen eines Theils in einer directen Reizung der Luftwege durch die zu kalte Athmungsluft, deren unschuldigste Folge sich in einem vermehrten Hustenreiz documentirt, sie liegen anderntheils in der Entstehung von Fluxionen zu irgend einem schwächeren Resistenzpunkte, begünstigt durch die unvermeidlichen schroffen und grossen Temperatursprünge beim Uebergang aus dem geheizten Zimmer in's Freie. Zu diesen neigen ja unsere Kranken durch die gestörten Circulationsverhältnisse mehr als andere und sind ihnen in Folge kaum zu vermeidender Befriedigung eines grösseren Wärmebedürfnisses in grösserem Masse exponirt. In den südlichen Kurorten dagegen kann man den Kranken den excessiven Luftgenuss ohne jede Gefahr bieten, indem selbst die Schwächsten den ganzen Winter hindurch mit Ausnahme weniger Regentage täglich eine ganze Reihe von Stunden im Freien verweilen, selbst im Freien sitzen und liegen können, Bettlägerige selbst schiebt man auf die Terassen. In dieser Möglichkeit liegt allein ein so wesentlicher Heilfactor, dass man nach weiteren Vortheilen des dortigen Aufenthalts nicht zu suchen brauchte.

Von gegnerischer Seite wird dem entgegengehalten, dass man erstens durch allmählige Gewöhnung und systematische

Abhärtug die Kranken bedeutend gegen die Gefahren, die unser nordisches Clima im Winter durch die unvermeidlichen Temperatursprünge mit sich bringt, schützen könne*), dass man zweitens mit relativ geringen Hülfsmitteln an passenden Orten auch in unserer Heimath eine Art von mildem Localclima schaffen z. B. durch Wandelbahnen, die gegen Nord und Ost gedeckt, dnrch drehbare Windschirme, Strandkörbe etc. dem Kranken selbst im Winter, selbst an kalten und windigen Tagen den Aufenthalt im Freien und den Genuss der frischen Luft ermöglichen und relativ ungefährlich machen könne. Ohne Zweifel durch derartige Massregeln wird ein kleiner Bruchtheil der vorhandenen Gefahren beseitigt, Niemand wird dies leugnen, wie Jeder die Zweckmässigkeit und Unentbehrlichkeit derselben einräumen wird für die Fälle, wo fehlende Mittel oder andere Gründe es den Kranken verbieten, sich etwas Besseres zu verschaffen. Die Inferiorität dieser Dinge aber gegenüber den Vortheilen einer climatischen Kur wird sofort in die Augen springen, wenn man erwägt: dass erstens jede Abhärtung eine gewisse Grenze findet, über die hinaus die Schutzkraft derselben nicht reicht und über die hinaus man sie bei schwachen Kranken nicht anwenden kann; dass

*) Plötzliche Wechsel zwischen höherer und niederer Temperatur werden sich nie ganz vermeiden lassen; wenn nicht etwa der Kälteprophet Kaczorowsky die Menschheit dahin bekehrt, im Interesse der Lungenkranken auf geheizte Wohnräume zu verzichten; aber schon der Widerspruch seiner Hospitaliten gegen eine derartige Rücksichtnahme auf die Schwindsüchtigen wird ihn belehrt haben, wie es um die Durchführbarkeit dieses Princips aussieht. Auch in Mentone kommen solche Wechsel vor, z. B. ist der Unterschied zwischen Sonne und Schatten immerhin beträchtlich bis zu 20°, aber mit geringer Vorsicht schon lässt sich der Uebergang von Einem zum Andern absolut vermeiden, überdies ist ein solcher Unterschied nicht zu vergleichen mit denjenigen, die während eines deutschen Winters, die auch in Davos fast unvermeidlich sind und an letzterem Orte bis zu 50° betragen; je grösser die Differenz, desto grösser die Gefahr.

zweitens bei unseren Kranken, besonders bei denen mit vorgeschrittenen Processen in der Lunge und einer entsprechenden Anämie wegen der gestörten Kreislaufsverhältnisse und der meist mangelhaften Function des zur Ausgleichung von Störungen bestimmten Hautorgans trotz Abhärtung und trotz Schutzmittel Gefahren und Gelegenheit zur Acquirirung von Schädlichkeiten verbleiben durch selbst geringe Temperaturdifferenzen, geschweige denn durch Unterschiede wie sie der nordische Winter mit sich bringt. Künstliche Deckungsmittel binden ausserdem den Luftgenuss an eng umgrenzte Localitäten und bieten im Ganzen doch selten bei der Häufigkeit eines bewölkten Himmels während des deutschen Winters hinreichenden Schutz, um das Sitzen im Freien an kalten Tagen möglich und ungefährlich zu machen. Das Promeniren dagegen in der erforderlichen schützenden Winterkleidung findet sehr bald seine Grenze an der Kraftlosigkeit und der Athemnoth der Kranken; ein schwacher Brustkranker, dem das Gehen an und für sich Mühe macht, wird im schweren Winterpaletot nur wenige Schritte zurücklegen, um athemlos und schweissgebadet auf die Fortsetzung der Procedur zu verzichten. Ausser dem durch die Leistung hervorgerufenen Gefühl des Unbehagens hat er dann noch die Gefahren der Wärmestauung und Wärmeretention als fruchtbare Fieberquelle in Betracht zu ziehen. Die natürliche Folge davon ist, wie es jeder beschäftigte Praktiker allwinterlich erlebt, dass Lungenkranke, deren Affection eine gewisse, je nach Abhärtung und Gewöhnung engere oder weitere Grenze überschritten hat, in der Heimath im Winter das geheizte Zimmer überhaupt nicht mehr verlassen, dass aber hierdurch nicht allein der Verlauf der Krankheit im einzelnen Falle wesentlich beschleunigt wird, sondern dass darin auch eine reichliche Gelegenheit zur Inficirung anderer bisher ganz intacter, aber doch nur disponirter Familienmitglieder liegt, kann kaum bezweifelt werden. Ueberhaupt wäre es wünschenswerth, wenn die Ueberzeugung von der Uebertragbarkeit dieser Leiden eine etwas allgemeinere wäre, dadurch würde die Bekämpfung derselben wesentlich gefördert.

Da nun zu Allem dem derartige wirklich zweckmässige Einrichtungen zum Schutze der Kranken in unserer Heimath sich nur in den einzelnen für die Behandlung gerade dieser Kategorie bestimmten Heilanstalten finden, da ferner die dort zu zahlenden Preise die Kosten des Aufenthalts an der Riviera inclusive der Reise dahin mindestens erreichen, so werden diese Ueberlegungen dazu zwingen, sobald die Verhältnisse es irgend gestatten, mit Verzichtleistung auf die zweifelhafte, theure Massregel jene andere Alternative vorzuziehen, durch die auch dem schwächsten Kranken, der ausgiebigste Genuss der unentbehrlichen frischen Athemluft ermöglicht wird, ohne dass er ihn durch anstrengende Promenaden und die Last des Winterpaletot erkaufen, resp. durch üble Folgen büssen muss.

Wenn die herbstlichen Winde anfangen das Laub von den Bäumen zu schütteln und die herbstlichen Nebel bis tief in den Vormittag hinein in den Thälern liegen, dann steht der Reisetermin vor der Thür für Hunderte von kranken Bewohnern unserer deutschen Heimath und der angrenzenden Länder, die sich neben den landschaftlichen Schönheiten, der athmosphärischen Schattenseiten eines ebenso zweifelhaften, wie gemässigten Clima erfreuen, d. h. eines kurzen Sommers, eines nasskalten Frühlings und Herbst und eines gestrengen Winters. Minder Widerstandsfähige packen deshalb mit dem Abzug der Zugvögel ihre Koffer, um jenseits der Alpen an den Strahlen einer freigebigeren Sonne den von spärlicher Blutwelle schlecht geheizten Körper zu erwärmen und dabei sich der Hoffnung auf Genesung von vielleicht jahrelangem Siechthum zu freuen. Das überwiegend grösste Contingent zu diesen Auswanderern stellen die Lungenleidenden; und was für Hoffnungen setzen gerade diese auf die Reise an die Gestade des Mittelmeeres, den Aufenthalt unter dem ewigblauen Himmel und die Wirkung der nie sich verhüllenden Sonne. Zum Entgelt für so Vieles, dessen sie entbehren müssen, hat diesen ihren Stiefkindern die Natur eine unerschütterliche Hoffnung als treueste Trösterin zur Seite gestellt. Dem Arzte die beste Bundesgenossin in dem Kampfe gegen die erbarmungslose Seuche, hält sie bei dem Kranken aus und verhüllt ihm wie mit einer Tarnkappe selbst die Schrecken der nahenden Todesstunde. Sie ist es, die im Verein mit der dem Germanen von jeher innewohnenden Sehnsucht nach den Gefilden Italiens, von der heilenden Kraft seines Clima, von allen Herrlichkeiten der dortigen Natur die Vorstellung eines paradiesartigen Dorado hervorzaubert und jedes Bedenken vor der Reise verscheucht. Diese Hoffnung ist als Heilfactor nicht zu unterschätzen.

Je überschwenglicher diese Illusionen der Kranken sind, um so härter ist es, sie ihnen ohne zwingenden Grund zu rauben, ohne etwas Anderes als Ersatz dafür zu bieten, und unnöthig ist dies Unterfangen, so lange nicht der Nachtheil, ja nur die Nutzlosigkeit der climatischen Kuren besser erwiesen wird, als es dem eifrigsten Bemühen der Gegner bisher gelungen. Ich halte dasselbe sogar für viel unberechtigter noch, als die Handlungsweise Desjenigen, der die Ueberlegung so weit über das Mitleid siegen liesse, um einem anscheinend Verlorenen trotz dessen Bitten und Wünschen, die Reise in das Land der Hoffnung nur deshalb zu verwehren, weil es vielleicht weiser und vorsichtiger gehandelt wäre, daheim zu bleiben. Gewiss müssen wir uns hüten, unser Gefühl über den Verstand so weit die Oberhand gewinnen zu lassen, dass

Thorheiten herauskommen, aber viel weniger noch darf unsere Ueberlegung so weit die Gefühlsregung ersticken, dass unentschuldbare Härten resultiren. Ein auf diesem Gebiete bekannter Arzt hat uns kürzlich gelobt, er werde in Zukunft nicht mehr so viel Gefühlsmensch sein, um durch die Aufnahme Verlorener in seine Anstalt sich die Statistik verderben zu lassen. Ich bezweifle keinen Augenblick, dass er gegebenen Falls den besten Grundsätzen zum Trotz auch den Verlorensten nicht zurückweisen wird, und ich behaupte, dass er dazu verpflichtet ist; denn gerade wir, die wir die Sache der Brustkranken zu der unsrigen gemacht haben, wir haben nicht das Recht nach jeweiligem Geschmack Eclectiker zu sein, und unsere Thätigkeit auf die Heilbaren und Besserungsfähigen zu beschränken, die Unheilbaren aber unter irgend einer beliebigen Form uns fern zu halten; im Gegentheil, unsere Pflichten sind härterer Art. Das Interesse unserer Kranken, gleichviel ob heilbar, ob unheilbar muss allen anderen Rücksichten voranstehen, das ist einer der ersten Sätze, über den wir uns klar zu werden haben. Einen eigenthümlichen Eindruck macht es z. B., in der Empfehlung irgend eines Ortes oder einer Anstalt für Lungenkranke einen Paragraphen zu lesen, des Inhalts, dass tuberculose Larynxleiden contraindicirt seien, mit anderen Worten, dass undankbare Fälle nicht gewünscht werden.

Es sind in letzterer Zeit mancherlei Stimmen laut geworden, mit der Tendenz, vor dem Besuch der climatischen Kurorte des Südens, besonders der Riviera zu warnen. Man hat sich zu beweisen bemüht, dass die Massregel, eine gewisse Klasse von Kranken, besonders Lungenleidende den Unbilden des nordischen Winters zu entrücken und sie in einem milderen Clima zu überwintern, in der Mehrzahl der Fälle zwecklos, in vielen gar nachtheilig und oft gerade das Gegentheil der beabsichtigten Wirkung hervorbringend — in den Fällen dagegen, wo sie ungefährlich, aber auch entbehrlich sei. Es hat sich ein Streben bemerklich gemacht, (trotzdem die Zahl der Anhänger dieses Princips mit jedem Jahre zunimmt und nach unserer Ansicht mit weiterer Ausbildung und Erleichterung der Communication immer mehr wachsen wird, zum Heile der leidenden Menschheit und damit des ganzen Geschlechts) die auf dies Kurmittel gebauten Hoffnungen künstlich zu untergraben und der Benutzung desselben entgegenzutreten.

Und womit begründet man denn die Warnungen vor einer Massregel, die von anderer Seite, die von gewissenhaften Männern für überaus heilsam erachtet wird? Bei der Beantwortung dieser Frage kann man nicht strenge genug zwei Klassen von Gegnern unterscheiden; ich möchte sie die Guten und die Bösen nennen. Sie pflegen sich schon äusserlich durch den Charakter der von ihnen geübten Kritik als grundverschieden darzuthun, indem die Einen mit anerkennenswerther Objectivität ein gewisses Wohlwollen des Urtheils verbinden; während die Andern mehr ihre subjective Auffassung und zwar zum Ueberfluss eingekleidet in unmotivirte Geringschätzung und Verkleinerungssucht hervorkehren. Die Vertreter der ersten Klasse stellen das Wohl der Kranken und die Klarstellung der wissenschaftlichen Seite der Sache obenan. Sie können nicht anders, als im Princip unsere Kurorte für eine segensreiche Sache erklären, verkennen die eminenten Vorzüge derselben nicht, aber, geleitet von dem Interesse für ihre Kranken legen sie einen strengen, vielleicht einen zu strengen Massstab an die Verhältnisse, machen womöglich in der Fremde höhere Ansprüche als daheim und werden, wenn diese unrealisirbar, dadurch verleitet, an bestehenden Einrichtungen bald hier, bald dort zu bemängeln und Fehler zu finden, die nach ihrer Ansicht den Erfolg beeinträchtigen, den

Werth des Ganzen verringern und sogar den Kranken in Gefahr bringen müssen. Kurz man kommt gelegentlich nur in Folge fehlender oder mangelhafter eigener Anschauung auf Grund ungenauer Berichte und befangen in einer am grünen Tisch construirten Aengstlichkeit zu dem Resultat, dass die zwar nicht fortzuleugnenden Vortheile doch durch unverhältnissmässige Opfer verschiedener Art erst erkauft werden müssen und dadurch ihren Werth einbüssen. Als Exempel eines daheim construirten Bedenkens, erwähne ich die kürzlich von einer Seite erhobene Behauptung, dass eine solche Reise stets eine Art von Lotteriespiel repräsentire, da man nie vorher wissen könne, wie der Winter ausfallen, ob er viel Regen und Kälte und wenig Sonnenschein bringen werde — ohne Zweifel, die Saisons sind ja verschieden, aber selbst die ungünstigste bietet ihre grossen Vortheile, wie wir es 1878/79 erlebten und von einem Risico kann nie die Rede sein. Wir kommen später auf die von dieser Seite vorgebrachten, immerhin beachtenswerthen Gründe zurück und hoffen dieselben zu widerlegen.

Anders die andere Klasse, der man vielleicht kaum die Ehre erweisen sollte, sich mit ihr zu beschäftigen. Die ich als die bösen Gegner bezeichnete, sind unzufriedene Gemüther, Tadler κατ' ἐξοχήν; sie urtheilen meist aus eigener Anschauung, aber aus welcher Anschauung? War ihr Blick nicht von vornherein durch Vorurtheile getrübt, so wird er es nach den ersten Eindrücken der Art, dass sie an jeden kleinsten auffindbaren Mangel den Hebel ihrer Tadelsucht ansetzen müssen, und da der Kurort wohl noch zu entdecken ist, wo es nicht irgend einen wunden Punkt gäbe, bietet ihnen ein rauchender Kamin, ein unmotivirtes Peitschenknallen, eine bestaubte Bank willkommenen Vorwand, um daraus geschickt eine Unerträglichkeit zu formen; hinzugefügt werden einige Ungenauigkeiten über das Clima, Klagen über Wind und Staub; Habgier der Einwohner u. s. w. und schnellfertigen Urtheils wird das Kind mit dem Bade ausgeschüttet und der ganze Kurort für nichts nütz erklärt. Bald sind diese Unzufriedenen Laien, enttäuschte Patienten, und wir erleben deren ja alljährlich eine Anzahl, die ausgerüstet mit einer guten Portion von Vorschriften für vorkommende Fälle seitens ihres Arztes in der Heimath, im Süden anlangen und hier, verzichtend auf jede ärztliche Berathung, oft schwerkrank, im leichtsinnigen Vertrauen auf das gute Clima, Unvorsichtigkeit auf Unvorsichtigkeit, Fehler auf Fehler häufen, um sich am Ende nicht genug über den ausgebliebenen Erfolg zu wundern. Wer trägt dann die Schuld? der Kurort, seine Einrichtungen und Mängel und die dortigen Aerzte, die nicht für Abstellung derselben sorgen. Gelegentlich ist auch wohl ein Verlust in Monaco als causales Moment für die üble Laune mit im Spiel; jedenfalls ist es auffallend in wieviel Procent der Fälle pecuniäre Schwierigkeiten die Schuld nicht nur an der so häufigen Unzufriedenheit, sondern was wesentlicher ist, an den Misserfolgen tragen.

Wirkliche Misserfolge ohne gleichzeitige factische pecuniäre Schwierigkeiten oder Sorgen um fictive gehören zu den grössten Seltenheiten.

Die Unzufriedenen lieben es, sich zusammenzurotten, in ihren Klagen sich zu bestärken und zu überbieten und wehe dem Hôtel, wo auch nur ein solcher Störenfried sein Wesen treibt; um die Ruhe und das Renommee desselben ist es geschehen. Namens vieler Gleichgesinnter macht ein Entschlossener dem allgemeinen und dem eigenen Unmuth Luft in einem geharnischten Zeitungsartikel, der zuerst in dem heimathlichen Blättchen des Verfassers gelegentlich Aufnahme findet; und dann als willkommener Sensationsartikel in andere Tagesblätter, vielleicht etwas zugestutzt und verbessert, aber bereits als aus sachverständiger Feder stammend, übergeht, um einem bisher irregeleiteten Publikum endlich die Augen zu öffnen.

Gelegentlich bringen selbst medicinische Zeitschriften ähnliche Erzeugnisse, aus ärztlicher Feder natürlich, deren Verfasser dann meist mit grossem Pathos als über den Verhältnissen stehend, als sachverständige, unpartheiische Beobachter sich einführen und mit einem Anflug sittlicher Entrüstung es nicht genug bemängeln können, wie gefärbt die bisherigen, in die Oeffentlichkeit gedrungenen Berichte seien. Gelegentlich sind wir in der Lage, das demnächstige Erscheinen eines solchen Artikels im voraus prophezeihen zu können, dessen Entstehungsgeschichte gewöhnlich etwa folgende ist. (Wir wählen ein relativ unschuldiges Beispiel, leider sind es oft unglücklichere Verhältnisse, die dann eher das Mitleid als die Satyre herausfordern.) In Folge längeren Stillsitzens hat ein Arzt eine stereotype Unterleibshypochondrie acquirirt und erhält von einer wohlmeinenden Autorität den überaus zweckmässigen Rath, durch einen Winteraufenthalt im Süden, durch fleissige Promenaden und reichlichen Genuss frischer Luft und warmer Sonne die stockenden Unterleibsfunctionen wieder in Fluss zu bringen und durch den Anblick einer lachenden Natur, eines klaren Himmels das Geist und Gemüth umnachtende Gewölk zu verscheuchen.

Mit Widerstreben und über das gewöhnliche Maass hinaus verstimmt in Anbetracht der erwachsenden Kosten und Unbequemlichkeiten tritt er die Reise an, beschliesst aber gleich wenigstens mit der Kur eine Vergnügungs- und Studienreise zu verbinden, um die Zeit möglichst nützlich anzuwenden und durch fleissige Correspondenz einen Theil der Kosten wieder einzubringen. Statt nun an irgend einem Orte ruhig seiner Gesundheit zu leben, seine Abdominalbeschwer-

2*

den zu kuriren, macht er also eine Tournée durch alle erreichbaren Kurorte, durcheilt sie im Fluge und lässt seinen kritischen Blick darüber streifen, um zum Schluss den Schatz der gesammelten Erfahrungen in einem wahrheitsgetreuen ungefärbten Berichte niederzulegen, den ihm retrospective Reflexionen über die Addition der Hôtelrechnungen und die gegen Verabredung früh sich einstellende Ebbe in der Reisebörse, sowie eine schlecht geheilte, weil von Ort zu Ort gehetzte, nirgend zur Ruhe gekommene Unterleibshypochondrie in die Feder dictiren.

Es mag ja bevorzugt veranlagte Naturen geben, die bei einer derartigen cursorischen Beobachtung, gleichsam Betrachtung aus der Vogelperspective stets das Richtige erkennen, und Land wie Leute, deren Einrichtungen und Sitten nach Gebühr beurtheilen; aber für den Durchschnittsmenschen liegt doch die Gefahr nahe, dass er sich von augenblicklichen Eindrücken über Gebühr beeinflussen, von Stimmungen beherrschen lässt, dass er Nebensächliches überschätzt, Wichtiges übersieht und Manches durcheinanderwirft; jedenfalls lässt es sich doch nur so erklären, dass wir es haben erleben müssen, wie einer dieser Autoren wegen übler Erfahrungen, die er in Montreux gemacht, Veranlassung nahm, schliesslich über die Kurorte der Riviera den Stab zu brechen. Zur Begründung der absprechenden Urtheile haben wir von dieser Seite Schilderungen lesen müssen, die von den Verhältnissen in unseren Kurplätzen der Riviera wahrlich kein verlockendes Bild entrollten, vielmehr dieselben als der Gesundheit nachtheilig, mit unsern Gewohnheiten contrastirend und daher den Kranken unerträglich und unzuträglich darstellten; indem sie die sowohl in Hand- und Reisebüchern, als in den bisherigen Veröffentlichungen dortiger Aerzte niedergelegten Berichte, oft Ergebnisse jahrelanger, fleissiger Beobachtung sammt und sonders sans façon für gefärbt und entstellt ausgaben. In den zum Schluss gezogenen Resume's haben gelegentlich die Aerzte in der Heimath, welche Kranke fortsenden, als auch wir in der Fremde, die sie in Empfang nehmen, den Vorwurf der Gewissenlosigkeit und Leichtfertigkeit nicht erst zwischen den Zeilen zu suchen; die Ersteren werden angeblich geleitet von dem Wunsche, sich lästiger Kranker für eine Weile auf gute Weise zu entledigen, wir Anderen womöglich von noch schlimmeren Motiven.

Wir dortigen Aerzte haben dies gelesen und dazu geschwiegen, vielleicht zu consequent geschwiegen, doch meinten wir diese letztere Klasse von Kritiken in eine Reihe stellen zu müssen mit den alljährlich im Beginn der Wintersaison, meist zuerst in englischen Zeitungen auftauchenden und von dort in die continentalen übergehenden Alarmnachrichten über angeblich hier und dort an der Riviera ausgebrochene ansteckende Seuchen, wie Pocken, Typhus, Diphtherie, die in dem Hirn, Gott weiss welchen Neiders oder Concurrenten ihre Entstehung und als sensationell willkommene Aufnahme und geflissentliche Verbreitung in der Tagespresse finden.

Ein so schnell fertiges, abfälliges Urtheil von Durchreisenden über Verhältnisse, denen die Meisten von uns Leben, Gesundheit und neue Existenz verdanken, deren Vorhandensein und stets sich erleichternde Zugänglichkeit wir für eine der grössten Wohlthaten der Natur gegen das Menschengeschlecht zu halten geneigt sind, deren möglichste Verbesserung und Nutzbarmachung für einen stets grösseren Theil der leidenden Menschheit wir zu unserer Lebensaufgabe gemacht haben, mag bei dem Einen ein mitleidiges Lächeln hervorgerufen, einem Andern mag es mit berechtigtem Aerger erfüllt haben, wenn er lesen musste, wie gleichsam aus dem Stegreif die wichtigsten Fragen entschieden werden, über die er selbst nach jahrelanger unermüdlicher Beobachtung ein endgültiges Urtheil abzugeben sich scheute, z. B. über den Einfluss des Clima der Riviera auf die Blutungen der Phthisiker u. dergl.; die Mehrzahl konnte nicht genug staunen über die unmotivirte Verwerfung eines Heilmittels, dem sie seit Jahren viele unglaubliche Erfolge oft an hoffnungslosen Kranken und in den verzweifeltsten Fällen verdanken.

Mich persönlich hat bei solcher Lectüre vornehmlich eines in Staunen gesetzt, nämlich die darin sich kundgebende Naivetät, mit der es immer wieder unternommen wird, mit Hülfe einer zu lebhaften Phantasie, von dortigen Zuständen dem Publikum falsche Bilder zu entrollen, trotzdem die Zahl auch unserer Landsleute nicht eben gering ist, die alljährlich theils zu ihrem Vergnügen, theils aus gesundheitlichen Rücksichten dortige Gegenden aufsuchen und bewohnen und die von dort mitgebrachte Kunde in der Heimath verbreiten, sodass auch in Deutschland die socialen und die climatischen Verhältnisse der Riviera, keine terra incognita sind, über die man ungestraft Märchen verbreiten kann.

Da die Acten über den Werth der climatischen Kuren, besonders gegen die chronischen Lungenleiden noch lange nicht geschlossen sind und da jede weitere Beleuchtung der noch unentschiedenen Punkte die streitigen Fragen ihrer Lösung nur näher bringen kann, so ist jede sachliche Kritik auch uns im Interesse der Wissenschaft nur erwünscht. Ueber die eminente Bedeutung von Verhältnissen, die gestatten, selbst den Schwerkranken täglich mindestens 5—6 Stunden lang ungestraft der frischen Luft und der warmen Sonne zu exponiren, können bei dem heutigen Stande der Lungenheilkunde Unbefangene nur einer Meinung sein. Es wird sich daher die Hauptstreitfrage dahin zuspitzen, ob dieser Vortheil mit Opfern erkauft werden muss, die seinen Werth illusorisch machen.

Wer aber bei der Entscheidung einer solchen Frage mitwirken will, der muss sich zuvörderst auf den Boden des Thatsächlichen stellen, muss objectiv verfahren und nicht mit Lufthieben fechten, die zur Entscheidung nichts beitragen. Wer mit schlecht schliessenden Thüren, rauchenden Kaminen, Peitschenknallen u. drgl. argumentirt und daraus auf die Nutzlosigkeit oder gar Gefährlichkeit climatischer Kuren Schlüsse ziehen will, von dem kann man füglich behaupten, dass ihm an der Sache selbst wenig gelegen ist.

Diese Art den Streit zu compliciren, ist um so mehr zu bedauern, als dadurch die ausstehende Entscheidung über Fragen zweiter Linie, die aber doch selbst von einschneidender Bedeutung sind, wie die speciellen Indicationen für die einzelnen Kurplätze, entsprechend ihrer Lage und ihrem Localclima in unabsehbarer Ferne hinausgerückt wird.

Im Grossen und Ganzen können wir fortfahren, die verdammende Kritik vieler Gegner wie bisher ruhig mit Stillschweigen zu übergehen; jedenfalls bedürfen die Einzelheiten keiner Widerlegung (ich erwähne z. B. nur der Curiosität halber die irgendwo aufgetauchte Behauptung von dem Existiren eines $2^1/_2$ monatlichen, recht strengen Winters in Mentone), und es hat meinem Herzen wohl gethan, dass trotz mancher Provocation auf uns dortigen Aerzte, Keiner sich hat „zur Abwehr“ hören lassen. Eine derartige Beachtung „dieser“ Gegner wäre nachtheiliger als das im Stillschweigen anscheinend liegende Bekenntniss der Ueberführung. Sollten je ihre Warnungen den Effect haben, einzelne mangelhaft unterrichtete Aerzte oder misstrauische Kranke (und in unserem Zeitalter des Schwindels ist ja mit Recht das Publikum für Warnungen sehr empfänglich) von einem geplanten Versuch und Besuch abzuhalten, so wäre darum nur derjenige zu bedauern, der auf das mächtigste aller Heilmittel, über die wir überhaupt gegen chronische Lungenleiden verfügen, Verzicht leistete.

Unsere Kurorte fühlen derartigen Ausfall nicht, wie sie keiner Vertheidigung und keiner Reclame zu ihrer Existenz bedürfen; ohne jede Anpreisung und allen Warnungen zum Trotz werden sie stets und zwar fortschreitend prosperiren, da die Thatsachen allein für sich selbst genügend reden, und die Zeugnisse dankbarer Geheilter und Gebesserter die Kunde davon in der Heimath verbreiten.

Auch mich haben diese Kritiken nicht zu den gegenwärtigen Zeilen provocirt; mehr als nothwendig habe ich mich vielleicht mit denselben beschäftigt, es kann deshalb auch nicht in meiner Absicht liegen, die darin sich findenden kleinen Ungeheuerlichkeiten und Ungenauigkeiten zu widerlegen; gegenüber den vielfachen Fragen nach der ungewöhnlichen Kälte im vorigen Winter, die sich auch an der Riviera bemerklich gemacht haben solle, berühre ich nur beiläufig, dass wir allerdings am 1. December das ungewöhnliche Schauspiel eines Schneefalls erlebten, der in den Citronenpflanzungen enormen Schaden anrichtete, dass aber vom 2. December bis zum 15. März kein Tag verging, an welchem nicht das Sonnenthermometer Mittags mindestens 45° Celsius, das Schattenthermometer 20° gezeigt hätte. Wo bleibt der $2\frac{1}{2}$monatliche Winter?

Dass es leider auch in Mentone an Uebelständen nicht fehlt, bedarf wohl kaum der Erwähnung, dass selbst wesentliche vorhanden sind, deren Abstellung von grosser Bedeutung für die Kranken und indirect für das Prosperiren des Orts wäre, wer wollte das leugnen, und wo fände sich wohl der Kurort, der keine hätte. Diese Thatsache leugnen vor Allen am wenigsten wir dort ansässigen Aerzte; wie das Vorhandensein und die bisherige Unabstellbarkeit derselben wohl von Niemandem lebhafter bedauert wird, als von uns selbst — um so lebhafter, als wir uns sagen müssen, dass bei gutem Willen und richtigem Entgegenkommen aller betheiligten Factoren sich nirgend so mustergültige Zustände schaffen liessen, deren wohlthätiger Einfluss auf die gesundheitlichen Erfolge nicht ausbleiben würde.

An Vorstellungen bei den zuständigen Behörden, an dringenden Mahnungen und Vorschlägen zur Abhülfe lassen wir es nicht fehlen, in Mentone geht wiederholt in jeder Saison ein von sämmtlichen ansässigen Aerzten berathenes und unterzeichnetes Memorandum an den Municipalrath, das alle Uebelstände nach ihrer Dignität geordnet aufführt, um deren successive Abstellung bittet und die besten Wege dazu behandelt. Es wird mit Dank zur Kenntniss genommen und die Ausführung wegen Leere des städtischen Seckels auf bessere Zeiten verschoben. Diese Indolenz, der man in dieser Richtung dort und ich glaube vielleicht wohl an den meisten Plätzen der Riviera begegnet, entspringt einerseits aus factischem Unvermögen (z. B. verschlingen die Uferbefestigungen alljährlich grosse Summen) andrerseits aus der schwer zu erschütternden Ueberzeugung, dass im Grunde genommen alle Verbesserungen und darauf bezügliche Extraausgaben überflüssig seien, da die climatischen Vorzüge des Landes von solcher Tragweite sich erwiesen haben, dass sie alle etwanigen Mängel in den Schatten stellen und trotz aller stets die genügende Fremdenschaar wie bisher dahin ziehen werden — und in der That unbefangen die vorhandenen Uebelstände gegen die gebotenen Vortheile abgewogen, bleibt wirklich die Bedeutung der ersteren im Verhältniss zu den Vortheilen des dortigen Aufenthalts so gering, dass man sie fast unbeschadet in den Kauf nehmen und füglich, wenn nicht übersehen, so doch nie für einen genügenden Grund erklären kann, um deswegen auf das Heilmittel selbst zu verzichten.

Zu bedauern bleibt das Vorhandensein mancher, im Ganzen ohne viele Mühe abzustellender kleiner Unzuträglichkeiten besonders aus dem Grunde, dass die eine oder die andere von ihnen mehr als Alles dazu angethan sind, das so sehr erethische Völkchen der Schwindsüchtigen als tägliche Nadelstiche in Harnisch zu bringen, dem Einen wirklich das Dasein zu verbittern, einem Andern mindestens die Laune zu verderben. Doch darf ich wohl die sichere Erwartung aussprechen, ja eine Art von Garantie übernehmen, dass es dem aufrichtigen Bemühen vieler Betheiligten und nicht zum wenigsten dem unablässigen Drängen der Aerzte gelingen wird, bald wenigstens so weit Abhülfe zu schaffen, als es sich ohne wesentliche Kosten erreichen lässt; im Laufe der Zeit werden die andern eingreifenderen und kostspieligeren Verbesserungen folgen. Im letzten Jahre sind deren bereits mehrere sehr kostspielige ausgeführt, die Ausführung anderer ist beschlossene Sache. Was besonders wichtig ist, das Project einer Wasserleitung für Mentone ist der Ausführung nahe und wird dadurch vielen Klagen die Spitze abgebrochen werden. Man muss nun einmal mit der Kurzsichtigkeit der Einwohner etwas rechnen, die an bequemen, reichen Verdienst gewöhnt, sich etwas scheuen, Geld auszugeben für Dinge, die keinen directen Ertrag liefern, deren Nutzen ideellerer Natur ist. Solche im Verhältniss zum Grossen und Ganzen mehr als Unannehmlichkeiten denn als wirkliche Schäden zu bezeichnende Dinge sind z. B. der absolute Mangel an Interesse bei den Südländern für die Reinlichkeit öffentlicher Strassen und Plätze, die hierin und in tausend anderen Dingen zu Tage tretende mangelhafte Rücksichtnahme auf die Fremden und Kranken, schlechte Polizei, Lärmen, Peitschenknallen, rücksichtsloses Fahren auf der Promenade — alles Punkte, deren Abstellung in einem Orte, der von den Fremden lebt, selbstverständlich sein sollte. Diese und ähnliche Dinge sind es eben, die tausend Handhaben bieten für malcontente Gäste, um daran anzupacken und durch gelegentliche Uebertreibung und Ausschmückung, durch einige Ungenauigkeiten und mehr minder erfundene Anekdoten von der Habgier der Bevölkerung, der Unbeständigkeit des Clima, dem Wind, Staub, den schlechten Wohnungen u. s. w. ein Bild zu construiren, das zum mindesten nichts verlockendes hat. Böswillige Schilderungen auf das richtige Maass zurückführen zu wollen, hiesse gegen Windmühlen fechten, zu lange schon haben sie uns beschäftigt; genüge es deshalb, um mit ihnen abzuschliessen, noch einmal zu versichern, dass es sich gegenüber dem Zweck des Ganzen um Kleinigkeiten handelt und was viel wichtiger ist, dass für Jeden etwas guter Wille genügt um sich der Einwirkung dieser Schädlichkeiten zu entziehen oder ihre Wirkung zu paralysiren.

Kommen wir nun zu jener ersten Klasse von Gegnern zurück, deren Gründe schon deshalb beachtenswerther sind, weil ihnen der Stachel der Böswilligkeit fehlt, weil sie objectiv verfahren und sich vielleicht nicht allzu ungern eines Besseren belehren lassen. Es lassen sich die von dieser Seite erhobenen Einwände gegen die climatischen Kuren, wie erwähnt, dahin zusammenfassen, dass die nicht fortzuleugnenden grossen Vortheile derselben doch mit unverhältnissmässigen Gefahren einerseits und Opfern verschiedener Art andererseits erst erkauft werden müssen, sodass beides gegeneinander abgeschätzt, ein Plus an Vortheil entweder nicht vorhanden oder doch sehr geringfügig sei. Nach Ausschaltung des Nebensächlichen reduciren sich diese Vorwürfe im Wesentlichen auf zwei, nämlich die unverhältnissmässigen Gefahren der Reise und die Kostspieligkeit des Aufenthalts. Ich glaube, dass sich die Unhaltbarkeit beider Einwände darthun lässt. Was den ersten Punkt anlangt, so erklären diejenigen, die am weitesten in ihrer

Aengstlichkeit gehen, eine Reise bis ans Mittelmeer bei den bestehenden Einrichtungen mit ihren Strapazen und Aufregungen überhaupt für zu gefährlich für einen Brustkranken höheren Grades; in den Fällen aber, wo man dieselbe zur Noth gestatten könnte, die ganze Maassregel für überflüssig. Andere sind etwas liberaler und wollen nur die Bedingung machen, dass man stark fiebernde oder sehr ängstliche und unselbständige, zu Blutungen oder anderen Zufällen disponirte Kranke, sowie Solche, deren baldiges Ende zu erwarten stehe, nicht auf die Reise schicken solle. Wenn auch die Gefahren der Reise alle Beachtung verdienen, so sind doch die Bedenken der Einen, wie die Bedingungen der Andern übertrieben und unhaltbar.

Dass eine, wenn ohne Unterbrechung durchgeführt, mindestens 48stündige Eisenbahnfahrt in's Ausland, mit ihren grossen Strapazen, verbunden mit der Aufregung der Trennung von Familie und Heimath, mit der Aussicht auf eine lange Dauer dieser Trennung, ja auf den möglicherweise zu erwartenden Eintritt des Todes in der Fremde u. s. w. selbst für minder nervenschwache Kranke, als es die meisten Lungenleidenden sind, Gefahren involvire, wer wird dies leugnen wollen? diese Gefahren werden um so grösser sein, je kränker, schwächer, ängstlicher und unselbständiger das fragliche Individuum ist, und je unvernünftiger und unzweckmässiger die Reise angetreten und ausgeführt wird. Es ist im Allgemeinen zu bedauern, dass man sich zur Vermeidung eines grossen Theils dieser Gefahren nicht noch mehr an die Erfahrungen von uns dortigen Aerzten wendet und unsere Ansicht über die zweckmässigste Ausführung der Reise einholt, es könnte dadurch manchem vorgebeugt werden; aber eine gute Anzahl von Kranken lernen wir erst an Ort und Stelle kennen und erfahren erst nachträglich aus ihren Erzählungen, unter welchen Bedingungen sie gereist sind. Die Aerzte in der Heimath, die die Verhältnisse nicht aus eigner Anschauung kennen, können natürlich über diese Dinge nur allgemeine Vorschriften machen; während wir, vertraut mit allen Details jeder Route, auch hinsichtlich der Reise im Besitze von Erfahrungen sind, die zum Theil theuer bezahlt wurden. Was alljährlich auf diesem Gebiete gesündigt wird, sollte man für unglaublich und die Erzählungen davon für Dichtungen halten — aber auffallend ist es, als ob ein schützender Engel während der Reise seine Hand über den Kranken hielte, jedenfalls steht die Thatsache fest, dass die Seltenheit übler Zufälle während der Fahrt und Folgen nach derselben in keinem Verhältniss steht zu der Häufigkeit und Schwere der begangenen Fehler. Die Gefahren, mit denen jede Reise und speciell diese Reise, einen Kranken und speciell diese Kranken bedroht, und die mannigfachen Gelegenheiten zu fehlen einzeln aufzuzählen, ist eine Unmöglichkeit; mag es daher genügen, auf's Gerathewohl einige Punkte herauszugreifen, um davor zu warnen.

Es culminiren sämmtliche Schrecken der Reise in einem Beispiel, das jeder von uns dort im Süden thätigen Aerzten schon persönlich erlebt haben wird und das man nicht wieder vergisst, wenn man es einmal gesehen; dass nämlich ein stark fiebernder, womöglich zu Blutungen disponirter Brustkranker, mit der Energie zu der sich gerade diese Klasse für eine kurze Weile aufzuraffen vermag, um nachher den unvermeidlichen Rückschlag um so schwerer zu büssen, dass also ein solcher vertrauensvoll seine Reise ohne Begleitung antritt und von krankhafter Ungeduld getrieben, Tag und Nacht durchfährt. In einer kalten Novembernacht, Morgens 3 Uhr langt er an der italienischen Grenze an, wo zum Zweck der Zollcontrolle die Fahrt eine Stunde lang unterbrochen wird. Schweissgebadet wickelt sich der Betreffende aus seinen Decken und tritt aus der Stickatmosphäre des geheizten und von acht Insassen erwärmten Coupé in die eisige Nachtluft, muss eigenhändig sein sämmtliches Handgepäck in die ferne Revisionshalle schleppen, dort in Kälte und Zug $^{3}/_{4}$ Stunden lang eingepfercht zwischen allerhand knoblauchexhalirendes Gesindel, gestossen und gedrückt, alle ärgerlichen Formalitäten einer italienischen Zollrevision über sich ergehen lassen, eigenhändig den Koffer öffnen, in Eile den rücksichtslos herausgeworfenen Inhalt wieder einpacken, mit Aufwendung der letzten Kraft wieder verschliessen, um zum Beschluss erschöpft von Aerger und körperlicher Anstrengung, wieder belastet mit sämmtlichem Handgepäck einen aussichtslosen Wettlauf mit den Gesunden um einen Platz für die Weiterfahrt aufzunehmen. Eine solche Leistung ist zu viel für einen kräftigen Mann, bei einem Kranken kann sie unmittelbar den Tod verschulden, während entsprechend geringere Schädlichkeiten mindere Folgen nach sich ziehen werden.

Aber zum Troste aller ängstlichen und schwachen Kranken sei es gesagt, mit Beobachtung einiger Vorsichtsmaassregeln lässt sich den erwähnten Gefahren, lässt sich den meisten anderen Schwierigkeiten die Spitze abbrechen; eine Anstrengung wird die Reise stets bleiben, aber die Gefahren lassen sich zum grössten Theile vermeiden, so dass der unvermeidliche Rest als unbedeutend ausser Ansatz gebracht werden kann.

Trotzdem bleibt dieselbe eine so ernste Sache, dass nie Jemand gegen seinen Willen dazu überredet werden sollte, denn wenn die Hoffnung auf Besserung als kräftigendes, belebendes Element fehlt, dann werden alle Strapazen doppelt schwer empfunden und ertragen. Es wäre viel gewonnen, wenn man seine Kranken von Ort zu Ort wünschen oder auf einer Art von Faustmantel durch die Lüfte entführen könnte; aber selbst die mehr der Wirklichkeit entsprechenden Verhältnisse, z. B. nach Art der Verwundetenbeförderung eingerichteten Sanitätszüge zur möglichst bequemen ungefährlichen Ueberführung der Kranken in einem passenden Salonwagen sind bisher ein frommer Wunsch geblieben. Selbst die Ausführung dieser Idee im Kleinen durch Miethung eines sleeping-car von der Internationalen Compagnie, der von einer Sammelstelle in Deutschland aus mit der nöthigen Bedienung und Verpflegung versehen, die Kranken ohne Unterbrechung, des Nachts leidlich gut gebettet, an Ort und Stelle bringen würde, ist bisher an der Weigerung der verschiedenen Bahnverwaltungen gescheitert und wer weiss, wie lange es noch so gehen wird.

So lange nun diese besonderen Schutzeinrichtungen fehlen, muss man die zu Gebote stehenden, so gut und vernünftig als möglich benutzen und glücklicher Weise kann man sich auch bei den jetzt bestehenden Einrichtungen Verhältnisse schaffen, die allen Anforderungen einer vernünftigen Vorsicht genügen. Von Berlin aus z. B. kann man einen Kranken im sleeping-car, also in einem recht guten Bett, direct nach Paris befördern, wenn ein Begleiter für die Zollrevision, und durch Mitnahme von Provision, sowie einer Spirituslampe für die Verpflegung sorgt, ohne einmal den Wagen zu verlassen; in Paris lässt man den Patienten im geschlossenen Wagen direct in's Hôtel bringen, wo geheiztes Zimmer und gewärmtes Bett telegraphisch bestellt sein müssen; vielleicht lässt man dort einen Tag rasten und kann ihn auf dieselbe Weise wieder gebettet und ohne Wagenwechsel bis nach Mentone befördern. Dass bei einer solchen Art zu reisen nicht die Anstrengung, aber doch die Gefahren ziemlich fortfallen, wird Niemand leugnen können und wenn nicht ganz so vollkommen, lässt sich doch auch auf den übrigen Routen die Reise einigermaassen gefahrlos einrichten.

Was die allgemeinen Vorschriften für dieselbe anlangt,

so präge man zuerst jedem Kranken ein, dass die Reise nur den einen Zweck haben darf, den Kranken thunlichst schnell und thunlichst gefahrlos an's Ziel zu bringen; jene beliebten Nebenzwecke der Belehrung und Unterhaltung sind selbst Leichtkranken und auch für die Rückfahrt absolut zu verbieten; vor Allem darf jeder Aufenthalt unterwegs nur der Erholung und Ausruhung des Kranken dienen und nicht zu Besichtigungen, Besuchen etc. benutzt werden und ist darnach einzurichten. Nachtfahrten verbiete man principiell, auch gegenüber dem Einwande der Vertheuerung durch die Hôtels und gegenüber dem lebhaften Wunsche der Patienten, schnell vorwärts und an's Ziel zu kommen und trotz jener unerwarteten Spannkraft, die bei der Abreise und kurz vorher, ernster Wille und Hoffnung dem Körper verleihen, die aber ausnahmslos einer reactiven Abspannung Platz macht, um so schwerer, je mehr die Spannkraft zur Entfaltung gekommen war. Es ist im Allgemeinen zweckmässig, des Morgens nicht zu früh, selten vor 9 Uhr abfahren zu lassen, dafür kann man die einzelne Tagereise ohne wesentliche Bedenken bis tief in den Abend ausdehnen lassen, muss aber, wenn dies geschehen, den folgenden Tag gewöhnlich zu einem Rasttag machen; für die Etappen bestelle man telegraphisch geheizte Zimmer und gewärmte Betten und statt bei der Ankunft abzuwarten, bis der zugige Hôtelomnibus seine sämmtlichen Passagiere und deren Gepäck aufgenommen, fahre man lieber direct per Droschke in's Hôtel und überlasse die Sorge für das eigene Gepäck dem Reisebegleiter oder dem Bediensteten des Hôtels. Die Zollrevision in Italien kann man in neuester Zeit, statt an der Grenze in der nächsten grossen Stadt, Turin, Verona u. s. w. über sich ergehen lassen (wenigstens des grossen Gepäcks) und wenn man dazu dem Portier des Hôtels vertrauensvoll seine Schlüssel und ein Douceur aushändigt, so hat man selbst nicht nur Nichts damit zu schaffen, sondern sogar ziemliche Sicherheit, seine Koffer unberührt zu wissen. Wenn das nicht geht, muss ein Bahnbediensteter dazu engagirt werden, denn für Kranke ist die eigenhändige Besorgung der Zollcontrolle eine mehr als unbequeme Sache; an der französischen, nicht an der italienischen Grenze, nimmt man wohl die Rücksicht, sichtlich Kranke im Coupé zu belassen, wenn ein Anderer für Oeffnung des Gepäcks sorgt. Für solche Fälle, und für unerfahrene, schwache, nervöse, reizbare Kranke überhaupt ist Begleitung beruhigend und oft unentbehrlich, da namentlich im Auslande die Ab- und Zugänge auf der Bahn, Billet- und Gepäckbesorgung, sowie die Zollcontrolle mit bei uns unbekannten Schwierigkeiten und selbst mit körperlichen Anstrengungen verbunden, und nicht immer Bahnbedienstete zur Hülfe vorhanden sind.

Mit Beobachtung dieser und weiterer, zum Theil sich von selbst ergebender Vorsichtsmaassregeln kann man auch Schwerkranke, Fiebernde u. s. w. ohne grosse Bedenken auf die Reise schicken, womit sich jener Einwand, dass derartige Kranke von climatischen Kuren wegen der Gefährdung durch die Reise auszuschliessen seien, von selbst erledigt. Wollte man im gegebenen Falle vorher das Erlöschen des Fiebers abwarten, dann würde wohl in so manchem Falle ein Kranker nie fortkommen, wobei noch zu bedenken bleibt, dass erfahrungsmässig Nichts einen so heilsamen Einfluss auf die Beseitigung hartnäckiger, langwieriger Fieberzustände hat, wie gerade ein solcher Climawechsel.

Als mir selbst vor einer Reihe von Jahren verschiedene Autoritäten die Uebersiedelung nach Mentone anriethen, fieberte ich sehr stark, bekam unterwegs wiederholt Schüttelfrostanfälle und allabendlich erreichte die Temperatur 40°, trotzdem griff mich die sechstägige Reise nicht wesentlich an und kaum war ich einige Wochen an Ort und Stelle, als jede Spur eines Fiebers beseitigt war, das damals seit länger als Jahresfrist fast continuirlich an meinen Kräften gezehrt und allen therapeutischen Versuchen getrotzt hatte; hätte ich vor Antritt der Reise das Erlöschen desselben abwarten wollen, dann hätte ich wohl Mentone nie zu sehen bekommen. — Im vorigen Jahre langte Anfangs November ein junger Mann bei mir an, bei dem sich später die Eigenthümlichkeit herausstellte, dass jedes in Folge beliebiger Veranlassung auftretende Fieber sofort eine excessive Höhe erreichte; derselbe hatte vierzehn Tage vorher zu Hause eine Hämoptoë überstanden und seither gefiebert, täglich bis zu 41° und darüber, hatte mit gleichen Temperaturen nicht nur die Reise gemacht, sondern zum Ueberfluss unterwegs keine Sehenswürdigkeit ausgelassen und langte mit demselben Fieber an; in den ersten Tagen zeigte das Thermometer Abends über 41°, so dass ich an eine acute Tuberculose denken musste, aber schon nach achttägigem Aufenthalt war das Fieber beseitigt, nach vier Wochen hatte Patient 20 Pfd. Gewicht zugenommen u. s. w.

Eine junge Dame trat in traurigster Verfassung mit allabendlicher Temperatursteigerung von Cöln die Reise an, die als ultim. refug. mit wenig Aussicht auf Erfolg den Eltern empfohlen war; mit Mühe brachte der Vater sie in kleinen Etappen von Ort zu Ort, stets fürchtend, sie unterwegs verlieren zu sollen. Während der sechstägigen Reise nahm sie kaum mehr als zwei Liter flüssiger Nahrung im Ganzen zu sich und kam auf's Aeusserste erschöpft in Mentone an; aber fast vom ersten Tage an schon fühlte sie sich besser, in wenigen Tagen entfieberte sie und kehrte der lange entbehrte Appetit zurück und war nach reichlich Monatsfrist kaum wiederzukennen, ein Bild der Gesundheit mit bedeutender Gewichtszunahme. — Die Beseitigung sämmtlicher Krankheitserscheinungen [die ausführliche Krankengeschichte, wegen vieler Details sehr interessant und von Bedeutung, an anderer Stelle] hätte den ungewöhnlichen Versuch gerechtfertigt, sie mitten in der Saison wieder nach Hause zu schicken. In derselben Weise könnte ich ziemlich lange fortfahren, doch will ich keineswegs die Kehrseite der Sache verschweigen, dass Patienten in leidlicher Verfassung die Reise antreten und sich auf derselben Verschlimmerungen zuziehen, die oft den Erfolg der beabsichtigten Kur beeinträchtigen, ja den Anfang des Endes darstellen. Schon weiter oben nahm ich aber Veranlassung zu erwähnen, dass diese Beobachtungen zu den grössten Seltenheiten gehören, so sehr, dass diese Seltenheit auffallend ist; ferner lassen sich solche Verschlimmerungen zumeist auf so grobe unterwegs begangene Fehler zurückführen, dass die Annahme mehr als berechtigt ist, es würden bei Beobachtung grösserer Vorsicht die üblen Folgen vermieden sein. Bisweilen ist allerdings alle Vorsicht vergebens, doch beobachten wir ja stets auch unter gewöhnlichen Verhältnissen Fälle, die aller Anstrengung zum Trotz nicht verlaufen, wie wir es wünschen. Bei mir hat in Folge der Erfahrungen, die ich an mir selbst, in der eigenen Familie und an zahlreichen Patienten gemacht, die Ueberzeugung Platz gegriffen, dass es Contraindicationen gegen die Reise, die in der Krankheit, in dem Zustand des Patienten liegen, eigentlich kaum giebt, dass durch zweckmässige Massregeln sich selbst für Schwerkranke die Gefahren der Reise wesentlich reduciren lassen und dass man um des Zustandes des Kranken willen, wenn er dann selbst einverstanden ist, von einer solchen Reise nicht Abstand nehmen soll, sobald man sich von dem Climawechsel Erfolge für ihn versprechen kann.

Im Allgemeinen würde ich die Indication für diese Kuren wesentlich und zwar dahin erweitern, dass ich dieselben für jeden Kranken empfehlen würde (vorausgesetzt dass er im Besitze der nöthigen Mittel ist), dessen Krankheit einen irgendwie aussergewöhnlichen Charakter durch lange Dauer, besondere Complicationen besondere Hartnäckigkeit u. s. w. böte und den gewöhnlichen Heilmitteln nicht weichen wollte, eine besondere Erschöpfung zurückliesse u. dgl. Vor allem würde ich anrathen, jeden Reconvalescenten von schwerer Krankheit, dessen Reconvalescenz mit dem Beginn des Herbstes oder gar Winters zusammenfällt, den nächsten Winter durch einen Aufenthalt im Süden überschlagen zu lassen — eine Vorsichtsmassregel, die der Entwickelung mancher Schwindsucht vorbeugen würde. Gegen den eigenen Wunsch aber soll man wo möglich nie Jemanden reisen lassen, man wird ihm, da die treibende Hoffnung fehlt, so viele Unbequemlichkeiten bereiten, dass an einen Erfolg nicht zu denken ist. Individuen, die sehr zu Blutungen neigen, werden selbstverständlich durch die Erschütterung während der langen Fahrt, durch die Anforderungen an Körper und Geist relativ gefährdet und ist namentlich die Besorgniss derselben vor einer während der Fahrt sich einstellenden Blutung in's Gewicht fallend und doch würde ich, vor die Entscheidung gestellt, selbst angesichts dieser Gefahren dem Betreffenden die Wohlthat des Climawechsels und des südlichen Winters nicht versagen, da gerade ein solcher Wechsel äusserst günstig auf die Beseitigung einer vorhandenen Disposition einwirkt. Eventuell würde in einem solchen Falle eine möglichst directe, ununterbrochene Beförderung anzurathen, der Patient auf die Eventualität vorzubereiten und mit grossen Morphiumgaben, vielleicht mit Eis auszurüsten sein; einen etwas erfahrenen Blutspucker wird es übrigens nicht mehr berühren, wenn ihn das Ereignis im Coupé, als wenn es ihn irgend sonstwo beträfe.

Ein junger Mann, der seit länger als Jahresfrist in Deutschland alle 3—4 Wochen eine profuse Hämoptoë überstanden hatte, trat im vorigen Herbste im Zustande höchster Erschöpfung die Reise an, sodass ich viel Grund hatte zu der Befürchtung, ihn unterwegs zu verlieren; doch überstand er die anstrengende Fahrt vortrefflich und war in Mentone 6 Monate frei von jeder Blutung — erst kurz vor der Heimreise wurde er durch eine ganz geringe überrascht, die jedoch nach so langer Pause ohne jede Folge blieb.

Selbst die Einschränkung, Niemanden auf die Reise zu schicken, dessen baldiges Ende zu erwarten stehe, ist precär, denn Jeder, der diesen Dingen näher steht, weiss, wie es um die Zuverlässigkeit einer solchen Prognose steht. Es hätte nach dieser Einschränkung der so eben erwähnte Kranke nie reisen dürfen, da allem Anschein nach man sein Ende unterwegs erwarten musste; dem heimathlichen Winter aber wäre er sicher erlegen; während er jetzt nicht nur noch lebt, sondern ein recht erträgliches Dasein führt. Persönlich möchte ich ungern vor die Entscheidung gestellt werden, ob dieser oder jener Fall noch der Mühe verlohnt; nach den Erfolgen, die wir alljährlich an sogenannten hoffnungslosen erleben, ist diese Entscheidung unendlich schwierig, ganz abgesehen von der unverantwortlichen Härte die in der Abweisung eines Kranken liegt, der selbst voll der schönsten Illusionen ist. Dagegen bleibt ein anderer Umstand zu erwägen und es ist dies eine Sache, über die man den Kranken nicht genug belehren kann, dass nämlich für Schwerkranke, besonders wenn sie bettlägerig werden, oder besonderer Pflege bedürfen, die Aufenthaltskosten im Auslande unverhältnissmässig wachsen, während die Bequemlichkeiten für solche Fälle und die Vortheile des Aufenthaltes mit dem Verzichtenmüssen auf den Verkehr im Freien sehr gering werden; den Angehörigen muss man ferner nicht verschweigen, dass ein Todesfall in der Fremde Anlass zu erheblichen Ausgaben wird. Diese Erwägungen fallen sehr in's Gewicht und könnten mich eventuell bestimmen, von der Reise eines Schwerkranken abzurathen, sein Befinden allein dagegen im seltensten Falle um so weniger, je minder die erwachsenden Kosten in Betracht kommen.

Hiermit wären wir bei dem letzten und einem hauptsächlichen Punkte angekommen, nämlich bei der finanziellen Frage. Wenn von Gegnern kurzer Hand behauptet wird, dass die Aufenthaltskosten in den Kurorten des Südens unverhältnissmässig gross seien, so kann ich dies in dieser Form wenigstens für Mentone nicht zugeben. Beträchtlich sind die erwachsenden Kosten immerhin, aber keineswegs unverhältnissmässig; theuer wird die dortige Kur durch die monatelange Dauer und die Unmöglichkeit, sie vor der Zeit zu unterbrechen; dagegen liegt sogar bei vernünftiger Wirthschaft und Einschränkung der Ansprüche die Möglichkeit vor, billig zu leben, ohne den Anforderungen der Gesundheit Abbruch zu thun. Ohne mich bei allgemeinen Behauptungen aufzuhalten, werde ich kurz in einem Anhang die einzelnen Posten und deren Beträge aufführen, aus denen sich Jeder die Kosten seines Aufenthalts construiren kann.

Wenn ich im Allgemeinen sagen muss, dass die Kosten weder zu gross, noch unverhältnissmässig sind, so ist es andererseits nur zu wahr, dass der Kostenpunkt eine viel grössere Beachtung verlangt, als ihm gewöhnlich zu Theil wird, dass derselbe von Seiten der Haus- und consultirenden Aerzte nicht die nöthige Würdigung erfährt, die ihm als dem wesentlichsten aller Gesundheitsfactoren gebührt. Wie bei allen chronischen Krankheiten, so vor Allem bei den gegen die Schwindsucht zu ergreifenden Maassregeln und ganz besonders bei der Erwägung einer zu verordnenden Kur im Auslande genügt es nicht, kurz zu bestimmen, das und das soll geschehen, sondern es muss die Frage nach den erforderlichen Geldmitteln nach jeder Seite hin geprüft und erwogen werden, ob die zu verordnende Maassregel unter den obwaltenden Umständen mit Aussicht auf Erfolg durchgeführt werden kann. Unzulänglichkeit der Mittel, ja selbst nur vermeintliche Unzulänglichkeit bei solchen Individuen, welche das Leben schwer auffassen und zu Sorgen geneigt sind, bildet eine der wesentlichsten Contraindicationen. Die Rücksicht auf die Vermögensverhältnisse müsste auf die Behandlung aller Krankheiten den Einfluss haben, dass man dieselbe viel mehr individualisirte als es meistens geschieht. Dass z. B. eine Familie Anstrengungen macht, an deren Druck sie schwer zu leiden hat, die oft vielleicht nicht wieder zu repariren sind, um einem verlorenen Schwindsüchtigen als letzten Trost seinen Wunsch nach einem Aufenthalt im Süden zu erfüllen, ist mindestens so unvernünftig, wie wenn ein Kranker, nur um den Aufenthalt in dem heilbringenden Clima sich zu ermöglichen, sich dort die Entbehrung der nothwendigsten Dinge auferlegt und überdies Kummer und Sorgen oben in den Kauf nimmt, während er zu Hause für einen Bruchtheil des in der Fremde verausgabten Geldes sich reichliche Bequemlichkeiten hätte zuwenden, die meisten Sorgen aber von sich hätte abwenden können. Wie Sorgen und gemüthliche Aufregungen eine grosse Rolle in der Entstehungsgeschichte der Lungenleiden spielen, so stellen sie der Heilung unüberwindliche Schranken in den Weg. Soll deshalb der Aufenthalt in einem climatischen Kurorte, ja soll irgend eine zur Heilung der Krankheit zu verordnende Maassregel mit pecuniären Schwierigkeiten und den sich daran knüpfenden Sorgen erkauft werden, so thut man in den meisten Fällen besser, davon abzusehen, so sehr es zu bedauern bleibt, dass bei genauerer Innehaltung dieser Bedingung die Grenzen für die Verordnung der climatischen Kuren noch enger gezogen werden müssen, als es bisher geschehen ist. Andererseits kann ich die Beobachtung nicht unterdrücken, dass in manchen Kreisen die Furcht vor den erwachsenden Kosten eine grössere ist, als es durch die Verhältnisse geboten ist. Ich halte es deshalb für kein unzweckmässiges Unternehmen, wenn ich in der Anlage eine Zusammenstellung der einzelnen, in Betracht kommenden Preise von Lebensbedürfnissen, Wohnungen etc. in Mentone gebe, aus denen sich Jeder die Kosten eines etwaigen Aufenthaltes construiren kann; vielleicht werden dadurch ähnliche Veröffentlichungen von anderen Orten veranlasst, was zu nützlichen Vergleichen führen könnte.

Zum Schluss fasse ich das bisher Gesagte der Uebersichtlichkeit halber noch einmal dahin zusammen, dass es erstens kaum einen chronischen Krankheitsfall, keinen Reconvalescenten von erschöpfender acuter Krankheit giebt, für den nicht ein Winteraufenthalt an der Riviera von Nutzen wäre; dass ferner die oben gemachten Angaben, wenn ich auch oft im allgemeinen von der Riviera gesprochen habe, doch eigentlich besonders auf Mentone Bezug haben und nicht ohne Weiteres auf das ganze Gebiet übertragen werden dürfen. Wenn schon so bedeutende Unterschiede in Mentone selbst zwischen der wärmeren und geschützteren Ostbucht und der kühleren, von weiteren Thälern durchschnittenen Westbucht fühlbar sind; wenn auf der Höhe der Wintersaison Jeder irgend Empfindliche nicht ungestraft einen Ausflug nach Nizza machen kann, ohne eine Erkältung zurückzubringen; wenn wir durch jede Reise einige Meilen ost- oder westwärts in ein ganz anderes Land mit anderem Klima uns versetzt glauben, so wird es klar sein, dass man die genannten Verhältnisse, die für Mentone gelten, nicht ohne Weiteres auf San Remo oder gar Pegli übertragen kann. Wir selbst können über die andern Stationen ja nur in Folge kurzer Besuche urtheilen, aber alle einsichtsvollen Kranken, die längere Zeit verschiedene Orte der Riviera bewohnten, erklären stets, dass doch Mentone der wärmste und geschützteste Aufenthaltsort sei. Die vielfach gefürchteten Uebelstände kommen kaum in Betracht. Will man sich einigermaassen gegen Misserfolge sichern, so ist erste Bedingung, dass die genügenden Mittel vorhanden sind, um die Maassregel zu Ende führen zu können, ohne beständig unter dem Druck von weiteren Sorgen zu leben, als sie schon durch die Krankheit selbst hervorgerufen werden, ohne beständig rechnen und Oeconomieen machen zu müssen; wenigstens giebt es nur sehr wenig gleichgültig angelegte Naturen, die eine solche Belastung des Gemüths ohne Schaden für die körperliche Gesundheit ertragen können. Fernere Bedingung ist eine vernünftige Erledigung der Reise, die zu rechter Zeit angetreten werden muss, ehe herbstliche Winde und Nebel in der Heimath ihren depravirenden Einfluss geltend machen oder vielleicht noch zu guter Letzt einen acuten Katarrh erzeugen, jedenfalls den plötzlichen Uebergang in ein wärmeres Klima zu einer Gefahr stempeln. Der Aufenthalt selbst muss unter strengster ärztlicher Controlle nur den einen Zweck haben, der Wiedergewinnung der Gesundheit zu dienen. Zur leichteren Durchführung dieser Bedingung wäre es das Beste ein zweckmässiges Etablissement zur Aufnahme von Kranken dort zu errichten, wo dieselben unter permanenter ärztlicher Aufsicht, einer rationellen Behandlung und Ueberwachung theilhaftig würden, wenn zu ermöglichen, ausgerüstet mit einem zweckmässigen Eisenbahnsalonwagen, der unter Leitung geschulter Wärter die Kranken von der Grenze wenigstens abholt. Die Rückreise muss ebenfalls unter strenger Controlle erfolgen und darf nicht eher angetreten werden, als bis wirkliche Wärme zu Hause den Aufenthalt ungefährlich macht. Dann lassen sich die bisher für nothwendig gehaltenen Zwischenstationen, die nur dazu dienen, Ungemüthlichkeit und Kosten zu vermehren, ganz entbehren, da man ohne jedes Bedenken von Anfang October bis Anfang Mai sich hier an Ort und Stelle nutzbringend aufhalten kann. Ganz zu verdammen ist jene Sitte, Anfangs März vor den angeblich dann beginnenden Stürmen an die oberitalienischen Seeen oder nach Montreux zu entweichen; möglich, dass dann einige Sturmtage eintreten, Regel ist es nicht, aber ist dies der Fall, dann suche man sich dagegen zu decken, bleibe schlimmsten Falles im Hause und man wird weniger Gefahr laufen, als wenn man aus der hiesigen Wärme entweder in die Schneeschmelze und den Regen der oberitalischen Seeen oder in die winterliche Kälte von Montreux übersiedelt.

Nach den hier in allgemeinen Zügen angegebenen Regeln benützt, wird eine Kur an der Riviera, resp. in Mentone in mehr als 90 Procent der Fälle ihre segensreichste Wirkung nicht verfehlen und es wird dies Heilmittel in der Behandlung der chronischen Lungenleiden stets obenan stehen.

Anhang.

1. Preise in Mentone.

Wohnungen werden durch Agenten gemiethet und sind mit allem Erforderlichen an Möbeln, Leinen, Silber- und Küchengeschirr u. s. w. ausgerüstet; sie werden je nach Lage, Grösse und Einrichtung pro Saison (von Anfang October bis Mitte Mai) mit 900—25,000 Fr. bezahlt. Für 1000—1200 Fr. schon hat man eine kleine genügende Wohnung, bestehend aus Salon, Esszimmer, 1—2 Schlafzimmer mit 2—3 Betten,

Küche, Kammer, Balcon u. s. w. Für 3000 Fr. bereits eine eigene kleine Villa mit Gärtchen. Zu Anfang und am Ende der Saison wird ein Inventar aufgestellt und zum Schluss werden diejenigen Gegenstände, die durch eine andere Ursache, als durch den Verschleiss, ruinirt oder beschädigt sind, nach Schätzung der Agenten billig ersetzt. Man thut gut, ein zuverlässiges Mädchen für Alles aus der Heimath mitzubringen; da die hiesigen theuer (25—80 Frcs. monatlich), unzuverlässig, ungeschickt und unsauber sind. Die Reisekosten wird das mitgebrachte Mädchen schon durch Besorgung der Wäsche, ausserdem durch tausend andere Ersparnisse einbringen; auch eine der Sprache unkundige Person wird sich leicht auf dem Markte und mit den Lieferanten verständigen. Letztere müssen besonders im Anfang, was Preise und Gewicht anlangt, controllirt werden, da oft freiwillige und unfreiwillige Irrthümer in der Rechnung vorkommen.

Fast alle Bedürfnisse für's Haus werden zugetragen. Alles wird nach Gewicht verkauft und betragen die Preise pro Kilogramm, wie folgt:

1)	Brod, gewöhnliches, nahrhaft und schmackhaft Weissbrod 0,25. Semmel oder Hörnchen 0,10	0,40
2)	Milch pro Liter (Sahne 2,0)	0,40
3)	Fleisch meistens sehr gut, ohne Unterschied .	2,50
4)	Schinken, stark gesalzen	3,50
5)	Butter, täglich frisch und gut	3,50
6)	Hühner, pro Stück	1,50—3,00
7)	Enten, do.	2,50
8)	Fische sehr gut, pro Kil.	1,50—4,00
9)	Kaffe, roh 4,60, gebrannt	6,0—8,00
10)	Zucker	1,50
11)	Reis	0,60
12)	Macaroni	1,00

13) Kastanien	0,40
14) Kartoffeln	0,15
15) Hülsenfrüchte	0,60
16) Frische Gemüse theuer, aber stets zu haben.	
17) Eier, pro Stück	0,05—0,25
18) Mehl	1,00
19) Salz, grob 0,20, fein	0,50
20) Holz, pro 100 Kil.	3,50
21) Steinkohlen, pro 100 Kil.	3,50
22) Petroleum p. Liter	0,75
23) Olivenöl	2,50
24) Stearinkerzen p. Kil.	2,60

Durch Einrichtung einer eigenen Wirthschaft sich die Heimath in der Fremde zu ersetzen, ist sehr beliebt und sollte geschehen, sobald es nur irgend angängig ist; wenn z. B., wie so vielfach, ein jüngerer Mann und Familienvater durch eigene Krankheit gezwungen ist, in den Süden zu gehen, so wird es sich ausser durch andere Gründe schon als billiger empfehlen, wenn die ganze Familie übersiedelt und in der angegebenen Weise wirthschaftet, anstatt den Mann im Hôtel wohnen und die übrige Familie zu Hause weiter wirthschaften zu lassen.

Will oder muss man aus irgend welchen Gründen darauf verzichten, so begiebt man sich in einem grösseren oder kleineren Hôtel in volle Pension und bezahlt: 6—20 Fr. pro Tag, durchschnittlich 10—12 Fr., wofür man ein eigenes Zimmer, sowie die Mitbenutzung der gemeinschaftlichen Salons und 3 Mahlzeiten hat, 1. Frühstück (Kaffe, Thee, Chocolade, Milch mit Butter und Brod), Gabelfrühstück um 12 Uhr und Diner um 6 Uhr. Extra vergütet werden für Heizung, pro Korb Holz 2,50; für Beleuchtung pro Lampe 0,75—2,0 den Abend, pro Licht 0,25, Wein von 1,50 an, und alle etwaigen, besonderen Bedürfnisse, jede Commission 0,25—0,50; ausserdem an Trinkgeld dem Portier, Kellner und Mädchen je 5—15 Fr. um Weihnachten und am Schluss der Saison.

Folgende Hôtels und Pensionen sind die von den Deutschen bevorzugten:

1) Ostbucht: Hôtel Beaurivage 10—12 Fr., klein, sauber, gute Küche. Hôtel Britannia ebenso. Grand Hôtel 8—12 Fr. Pension Villa Marina 8—10 Fr. Hôtel de la Paix 10—16 Fr., ohne Garten, schöne Zimmer.

2) Westbucht: Hôtel national 14—20 Fr., ganz neu, gut und theuer, hoch gelegen. Hôtel du Louvre 11—16, sehr geschützter Garten. Hôtel des Ambassadeurs 11—15, schöne Zimmer, wenig Garten, dicht an frequenter Strasse. Hôtel d'Orient, gut und theuer, schöner Garten. Hôtel des Princes 7—12 sehr billig. Pension Suisse 7—10 bescheiden, sauber und für die Preise gut. Pension des Etrangers ebenso.

Am Meere: Hôtel de Russie 7—12 Fr. Hôtel de Menton 10—15 Fr.

Es ist eine mehr als hinlängliche Auswahl an Hôtels und Pensionen vorhanden, deren Einrichtung, Leistungen und Preise sich allen Ansprüchen, den bescheidenen, wie den hohen und allen Börsen anpassen.

Zum Belege, wie billig man schon und zwar ohne den Erfolg zu beeinträchtigen unter Umständen leben kann, erwähne ich, dass im vorigen Jahre ein Volksschullehrer sich folgendermaassen einrichtete:

Für ein Privatzimmer mit Bedienung zahlte er 1 Fr. täglich; Mittags ass er im Hôtel de France das Dejeuner mit Wein für 2,50 als Hauptmahlzeit, Morgens und Abends hielt er sich selbst Kaffe, Thee, Milch mit Brod, Butter, Eiern, Fleisch, Käse u. s. w., welche Dinge er persönlich einkaufte und durchschnittlich mit 1 Fr. täglich bezahlte, sodass seine täglichen Ausgaben 5 Fr. nicht überstiegen.

Das gesundheitliche Resultat war in diesem Falle ein ausgezeichnetes bei geringem Kostenaufwand.

2. Eisenbahnrouten.

I. Berlin, München, Verona, Genua, Mentone. Berlin-Verona II. Cl. Verona-Mentone I. Cl. 138,75 Mark.

II. Berlin, Frankfurt, Genf, Turin, Savona, Mentone. Berlin-Genf II. Cl. Genf-Mentone I. Cl. 135 Mark.

III. Berlin, Frankfurt, Genf, Lyon, Marseille, Mentone. Berlin-Genf II. Cl. Genf-Mentone I. Cl. 155 Mark.

IV. Berlin-Paris-Mentone 191,70, in Deutschland II. Cl., in Frankreich I. Cl.

I.

Es giebt in Berlin directe Billets bis Genua mit 25 Kil. Freigepäck. Man fährt 2,30 N.-M. vom Anhalt. Bahnhof ab über Leipzig-Hof und ist 8 Uhr früh in München. Hôtel du Rhin nahe dem Bahnhof, verhältnissmässig theuer. Von München 9 Uhr früh, österr. Zollcontrolle in Kuffstein, italien. in Ala (am Büffet Gelegenheit zum Geldwechseln) Ankunft in Verona 10,45. Hôtel due torri theuer. Abfahrt Mittags 12,30. Ankunft in Mailand 3 Uhr, Abfahrt 6,30, Ankunft in Genua 11 Uhr Abends. Hôtel de la Ville empfehlenswerth. Abfahrt 7,50. Zollcontrolle in Ventimiglia. Mittags 1,20 Ankunft in Mentone.

Die Route empfiehlt sich im Allgemeinen nicht wegen der schlechten Anschlüsse. Gleich von Berlin nach München wird sie mit einer Nachtfahrt eröffnet, ohne dass ein Schlafwagen zur Disposition steht. Von München direct weiter zu fahren, ist anstrengend; Etappe zu machen, ist unverhältnissmässig theuer, da man den ganzen Tag verliert und gezwungen ist in Verona und Genua wieder zu rasten. Damen allein können in Italien nicht wohl II. Cl. fahren, in Herrenbegleitung ganz gut, sogar finden Kranke in dieser Wagenclasse eher genügenden Raum, um sich hinzulegen, da die I. Cl. besonders im Beginn der Saison sehr überfüllt zu sein pflegt.

II.

Directes Billet bis Genf mit 25 Kil. Freigepäck bis Basel. Entweder Abends 8 Uhr von Berlin im Sleeping-car (6,50 Zuschlag) bis Frankfurt, Ankunft 7,30 früh, Abfahrt 8,20, Ankunft in Bern 9 Uhr. Berner Hof theuer und gut. Abfahrt 10,05. Ankunft in Genf 3 Uhr Nachmittags. Oder 9 Uhr früh von Berlin, Abends in Frankfurt und im Schlafwagen (6,0 Zuschlag) nach Basel. Ankunft 5,50, Abfahrt 6,50 und Ankunft 3 Uhr in Genf. Man kann nun entweder direct weiter nach Turin und ohne Aufenthalt nach Mentone gelangen, was aber ein Kranker sich kaum zumuthen darf. Ein solcher thut besser, im Hôtel de Suisse in Genf zu übernachten und am anderen Morgen um 6,30 abzufahren. Französische Zollcontrolle in Bellegarde, nur des Handgepäck, Kranke lässt man im Coupé. Wagenwechsel in Culoz, italien. Zollcontrolle in Modane, wo man gut thut, sofort einen Bahnbediensteten zu engagiren, der das Handgepäck sofort nach der Revision in's Coupé zurückträgt, um Plätze für die Weiterfahrt zu belegen. Abends 6 Uhr Ankunft in Turin. Hôtel de Turin sehr gut. Abfahrt 7 oder 9 Uhr früh; bei Wahl des letzteren Zuges passirt es leicht, dass man den Anschluss in Savona nicht erreicht und dort einen sehr unbequemen Aufenthalt erleben muss. Für diese Fahrt muss man sich verproviantiren, da unterwegs kein ordentliches Restaurant vorhanden ist. Italien. Zollcontrolle in Ventimiglia. Ankunft in Mentone 4 Uhr Nachmittags. Diese Route empfiehlt sich durch Billigkeit und gute Lage der Züge; sie ist unbequem durch den häufigen Wagenwechsel, gelegentliches Verfehlen der Anschlüsse und 3. Douanen.

III.

Bis Genf ebenso und gleichfalls um 3 Uhr von dort. Ankunft in Lyon 8,**15**, von dort im Schlafwagen direct nach Mentone. Ankunft 4 Uhr oder rasten in Lyon. H. d. Lyon. Abfahrt 7,35 früh, Ankunft in Marseille 6,**30**. Hôtel Noailles, theuer und gut. Abfahrt 8 Uhr früh, Ankunft in Mentone 4 Uhr. Direct von Genf durchfahren, ist sehr anstrengend, eine Unterbrechung des einmal gelösten Billets aber unmöglich. Die Route empfiehlt sich durch gute Lage der Züge, eine bequeme Zollcontrolle, gute, aber theure Hôtels und gute Bahnhofrestaurants.

IV.

Die theuerste, aber bequemste Fahrt: von Berlin Mittags 12,30 im Schlafwagen, um 9 Uhr Abends in Cöln und am anderen Morgen 9 Uhr in Paris, von dort direct weiter um 11,15 Mittags wieder im Schlafwagen bis Mentone. Ankunft 4 Uhr. Oder: In der Nacht nach Cöln und Abends 6 Uhr Ankunft in Paris und um 7,**20** weiter im Schlafwagen bis Mentone. (Zuschlag für den Schlafwagen Berlin-Paris 16,0. Paris-Mentone 36 Frcs.) Zweckmässig wird es sein, in Paris im Grand Hôtel 1—2 Tage Pause zu machen.

FSC
www.fsc.org
MIX
Papier | Fördert
gute Waldnutzung
FSC® C083411

Kolibri 360 GmbH
Ferdinand-Jühlke-Straße 7
99095 Erfurt, Deutschland
produktsicherheit@kolibri360.de